国网综合能源服务集团有限公司
STATE GRID INTEGRATED ENERGY SERVICE GROUP CO., LTD

U0168909

作业现场
反违章图册

国网综合能源服务集团有限公司　编

中国电力出版社
CHINA ELECTRIC POWER PRESS

内 容 提 要

违章是事故之源，遵章是安全之本。深入开展反违章工作，是防范事故的有效手段。为积极营造"杜绝违章，安全生产"的氛围，国网综合能源服务集团有限公司组织编制了《作业现场反违章图册》。

本图册共包含 7 个部分，主要包括：基础管理；人的不安全行为；常规工具、设备；起重设备管理；临时用电设备管理；现场作业防护措施；作业环境管理。

本图册可作为电力生产反违章作业的宣传工具和专项培训教材。

图书在版编目（CIP）数据

作业现场反违章图册 / 国网综合能源服务集团有限公司编 .—北京：中国电力出版社，2021.8（2024.3重印）
ISBN 978-7-5198-5863-6

Ⅰ.①作… Ⅱ.①国… Ⅲ.①电力工业－安全生产－生产管理－图集 Ⅳ.① TM08-64

中国版本图书馆 CIP 数据核字（2021）第 152944 号

出版发行：中国电力出版社
地　　址：北京市东城区北京站西街 19 号（邮政编码 100005）
网　　址：http://www.cepp.sgcc.com.cn
责任编辑：安小丹（010-63412367）
责任校对：黄　蓓　朱丽芳
装帧设计：赵姗姗
责任印制：吴　迪

印　　刷：固安县铭成印刷有限公司
版　　次：2021 年 8 月第一版
印　　次：2024 年 3 月北京第五次印刷
开　　本：710 毫米 ×1000 毫米　16 开本
印　　张：8.5
字　　数：111 千字
印　　数：7001—7500 册
定　　价：45.00 元

编委会

前　言

　　违章是事故之源，遵章是安全之本。深入开展反违章工作，是防范事故的有效手段。为积极营造"杜绝违章，安全生产"的氛围，国网综合能源服务集团有限公司组织编制了《作业现场反违章图册》。

　　本图册汇集了电力生产管理性违章、作业性违章、装置性违章的典型事例，并针对违章事例，列明了法律法规、标准、规程制度的相关规定。本图册将为宣传反违章工作、提高员工安全意识和反违章技能发挥积极作用。

　　本图册贴近生产实际，图文并茂，是活跃安全文化氛围、提高员工反违章意识和技能的有效载体，是反违章作业的宣传工具和专项培训教材。

　　因编者水平所限，不足之处在所难免，敬请广大读者批评指正。

编者

2021 年 7 月

目　录

第一部分

基础管理

违 章 点 01

　　施工项目部上报的"施工方案报审表"，监理和业主均未签字、盖章。施工项目部在项目管理实施规划（施工组织设计）和开工报告未批准的情况下就开始施工。

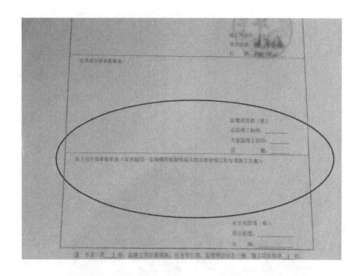

违章依据

　　《国家电网有限公司基建安全管理规定》[国网（基建 /2）173—2019] 第五十五条：项目管理实施规划（施工组织设计）由施工项目经理组织编制，应由单独章节描述施工安全管理相关要求，经施工企业技术、质量、安全部门审核，施工企业技术负责人审批，报监理项目部审查，业主项目部批准后组织实施。

　　《电力建设工程施工安全管理导则》（NB/T 10096—2018）第12.6.6 条：安全技术交底应按照相关技术文件要求进行。交底应有书面记录，交底双方应签字确认，交底资料应由交底双方及安全管理部门留存。

违章点 02

工程勘察单位的工程勘察资质证书有效期至 2020 年 6 月 29 日，于 2020 年 10 月 25 日开展相应勘察工作时已过期。

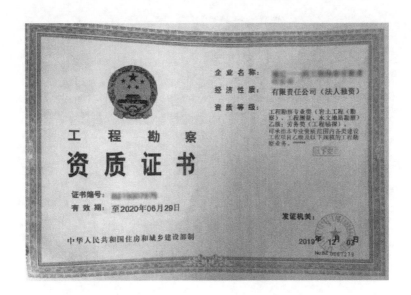

违章依据

按照《建设工程勘察设计资质管理规定》（中华人民共和国建设部令［2007］第 160 号）第三条：从事建设工程勘察、工程设计活动的企业，……取得建设工程勘察、工程设计资质证书后，方可在资质许可的范围内从事建设工程勘察、设计活动。

应补报有效证书。

违章点 03

　　EPC 总承包工程建筑安装工程项目施工项目负责人的安全生产考核合格证有效期至 2021 年 2 月 1 日，已过有效期。

违章依据

　　按照《建筑施工企业主要负责人、项目负责人和专职安全生产管理人员安全生产管理规定》（中华人民共和国住房和城乡建设部令〔2014〕第 17 号）第二条：在中华人民共和国境内从事房屋建筑和市政基础设施工程施工活动的建筑施工企业的"安管人员"，参加安全生产考核，履行安全生产责任，以及对其实施安全生产监督管理，应当符合本规定。

　　应补充有效证书。

违章点 04

项目部没有"监理策划文件、风险控制方案"的审批记录。

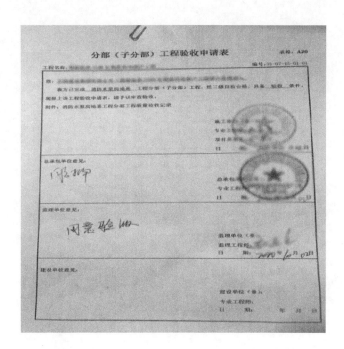

违章依据

《国家电网有限公司基建安全管理规定》[国网（基建/2）173—2019]第十四条：

（三）负责编制工程项目《建设管理纲要》，明确安全管理相关策划内容，并组织实施；审批《监理规划》、《项目管理实施规划》、《施工安全管控措施》、《监理实施细则》等策划文件并监督落实；组织实施工程项目安全责任考核奖惩措施。

（七）开展安全风险管理，组织监理、施工项目部对工程项目关键工序及危险作业开展施工安全风险识别、评估，并监督施工安全管控措施的落实。

违 章 点 05

旁站监理记录单缺乏对施工过程和结果的监督内容。

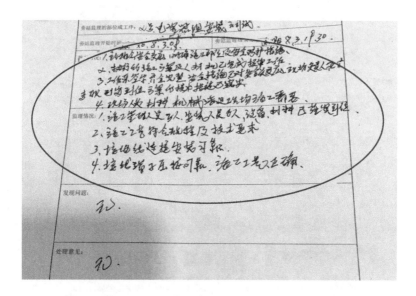

违章依据

《电力建设工程监理规范》（DL/T 5434—2009）第7.2.4条：
旁站监理人员按照委托监理合同约定对工程项目的关键部位、关键工
序的施工质量、安全实施连续性的现场全过程监督检查。

基 础 管 理

违 章 点 06

监理项目部的机械报审资料附件模糊不清。

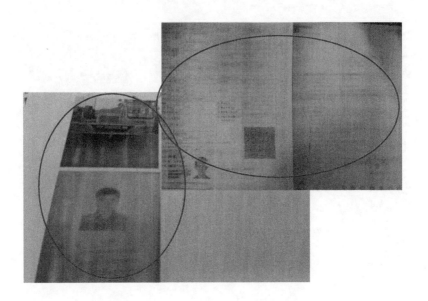

违章依据

《电力建设工程施工安全管理导则》（NB/T 10096—2018）第
13.1.2.3 条：施工单位应建立完善的施工机械设备管理台账和管理档
案。台账应明确机械设备来源、类型、数量、技术性能、使用年限、
使用地点、状态、责任人等信息，并向工程总承包单位、监理单位和
建设单位报备。

违 章 点 07

对施工项目进行分析识别，从施工项目中识别出风险若干条，查阅《施工安全管控措施》，没有针对风险制定的管控措施。

三级及以上固有风险识别、评估清册（表式）

称: _____

号	工作内容	地理位置	包含部位	风险可能导致的后果	风险级别	风险编号	备注
	施工用电系统的接火、检修及维护	金湖银涂	施工用电	触电 火灾	3	\	
	消防水池础，开挖深度在3m到5m之间的基坑挖土	金湖银涂	消防水池深基坑	坍塌、跌落	3	\	
	主体模板安装（除高支模）、拆除	金湖银涂	配电装置室、升压室（一）、升压室（二）	高处坠落坍塌、物体打击坍塌	3	\	
4	搭设高度不超过24m的落地钢管脚手架、附着式升降脚手架、悬挑式脚手架、门型脚手架、悬挂脚手架、吊篮脚手架、卸料平台	金湖银涂	配电装置室、升压室（一）、升压室（二）、电池舱及防火墙	高处坠落物体打击、坍塌其他伤害	3	\	

违章依据

《电力建设工程施工安全管理导则》（NB/T 10096—2018）第16.2.3.5条：施工单位应公布作业活动或场所存在的主要风险、风险类别、风险等级、管控措施和应急措施，使从业人员了解风险的基本情况及防范、应急措施。

违 章 点 08

绝缘手套合格证检验周期标注为一年。

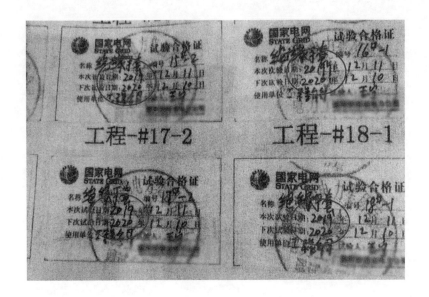

违章依据

《电力安全工作规程（电网建设部分）》（试行）（国家电网安质〔2016〕212号），附录D表D.3中序号7：辅助型绝缘手套检验周期应为半年。

违 章 点 09

施工项目部制定的安全文明施工管理目标，未按照业主项目部的安全管理目标进行分解。施工项目部制定的安全管理目标，低于业主项目部安全管理目标。

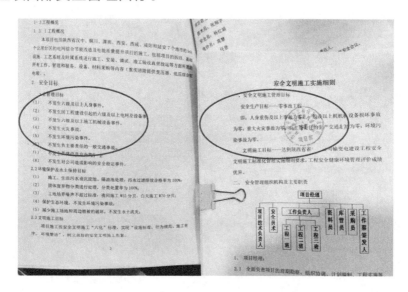

违章依据

《电力建设工程施工安全管理导则》（NB/T 10096—2018）第 5.4.1 条：

a）……安全管理目标应包含人员、机械、设备、交通、火灾、环境、职业卫生等事故方面的控制指标。应明确目标的制定、分解、实施、检查、考核等环节要求，并按照所属部门和工地在施工活动中所承担的职能，将目标逐级分解为指标，确保落实到位。

违章点 ⑩

现场搅拌机未张挂安全操作规程牌。

违章依据

《国家电网公司电力施工企业安全性评价标准》（Q/GDW 11536—2016）表 28 序号 7.4.1 中第 2 条评价内容：……机械设备应设置操作规程牌、设备状态牌。

违 章 点 11

无齿锯切割机附近没有悬挂操作规程。

违章依据

《电力建设工程施工安全管理导则》（NB/T 10096—2018）第
13.2.3.9条：施工机械设备应干净整洁，悬挂标识牌、检验合格证，
明示机械设备（设施）负责人及安全操作规程。

违 章 点 ⑫

现场使用中的搅拌机转动部分没有防护罩等安全防护设施。

违章依据

《电力建设安全工作规程　第1部分：火力发电》（DL 5009.1—2014）第4.7.1条：

2　机具的转动部分及牙口、刃口等尖锐部分应装设防护罩或遮栏，转动部分应保持润滑。

违章点 13

脚手架未挂验收合格牌。

违章依据

《建筑施工脚手架安全技术统一标准》（GB 51210—2016）第
10.0.2条：

   1 对搭设脚手架的材料、构配件和设备应进行现场检验；

   2 脚手架搭设过程中应分步校验，并应进行阶段施工质量检查；

   3 在脚手架搭设完工后应进行验收，并应在验收合格后方可使用。

《建筑施工扣件式钢管脚手架安全技术规范》（JGJ 130—2011）
第8.2.1条：

脚手架及其地基基础应在下列阶段进行检查与验收：

   1 基础完工后及脚手架搭设前；

   2 作业层上施加荷载前；

   3 每搭设完6m～8m高度后；

   4 达到设计高度后；

   5 遇有六级强风及以上风或大雨后，冻结地区解冻后；

   6 停用超过一个月。

违章点 14

吊装作业现场无起重指挥人员。

违章依据

《电力建设安全工作规程 第1部分：火力发电》（DL 5009.1—2014）第 4.12.1 条：

2 作业应统一指挥。指挥人员和操作人员应集中精力、坚守岗位，不得从事与作业无关的活动。

3 起重机械操作人员、指挥人员（司索信号工）应经专业技术培训并取得操作资格证书。

现场塔吊的操作规程对吊装风速的要求不符合规程规定。

违章依据

《电力建设安全工作规程 第1部分：火力发电》（DL 5009.1—2014）第4.12.1条：

11 严禁在恶劣天气或照明不足情况下进行起重作业。当作业地点的风力达到五级时，不得吊装受风面积大的物件；当风力达到六级及以上时，不得进行起重作业。

违章点 16

油漆、涂料存放不符合要求。

违章依据

《电力建设安全工作规程　第1部分：火力发电》（DL 5009.1—2014）第4.3.5条：

3　易燃易爆物品、有毒有害物品及放射源等应分别存放在与普通仓库隔离的专用库内，并按有关规定严格管理。汽油、酒精、液氨、油漆及其稀释剂等挥发性易燃物品应密封存放。

第二部分

人的不安全行为

 **违 章 点** 01

高处作业人员未扎安全带。

违章依据

《国家电网公司电力安全工作规程 电网建设部分》（国家电网安质〔2016〕212号）第4.1.5条：高处作业人员应正确使用安全带，宜使用全方位防冲击安全带，杆塔组立、脚手架施工等高处作业时，应采用速差自控器等后备保护设施。安全带及后备防护设施应高挂低用。高处作业过程中，应随时检查安全带绑扎的牢靠情况。

违章点 02

安全带低挂高用，边缘处安全网未封闭严实。

违章依据

《电力建设安全工作规程　第1部分：火力发电》（DL 5009.1—2014）第4.10.1条：

2　高处作业应设置牢固、可靠的安全防护设施；作业人员应正确使用劳动防护用品。

8　高处作业应系好安全带，安全带应挂在上方的牢固可靠处。

违 章 点 ③

作业人员未正确佩戴安全帽。

违章依据

《国家电网有限公司输变电工程安全文明施工标准化管理办法》
[国网（基建/3）187—2019] 第二十二条：

（一）作业人员进入施工现场应正确佩戴安全帽，穿工作鞋和工作服。

违章点 04

作业人员使用角向磨光机作业，未戴防尘口罩、防护眼镜。

违章依据

《电力建设安全工作规程 第1部分：火力发电》（DL 5009.1—2014）第 4.7.2 条：

小型施工机械应符合下列规定：

4 角向磨光机：

　　1）操作人员应戴防尘口罩、防护眼镜或面罩。

违章点 05

工作人员未穿工作服。

违章依据

《国家电网有限公司输变电工程安全文明施工标准化管理办法》
[国网（基建 /3）187—2019] 第二十二条：

（一）作业人员进入施工现场应正确佩戴安全帽，穿工作鞋和工作服。

违章点 06

焊接作业人员未穿专用防护服。

违章依据

《电力建设安全工作规程　第1部分：火力发电》（DL 5009.1—
2014）第4.13.1条：

3　焊接、切割与热处理作业人员应穿戴符合专用防护要求的劳
动防护用品。

违 章 点 07

作业人员上下钢架时，安全绳底部未锁紧，未使用攀登自锁器。

违章依据

《电力建设安全工作规程 第1部分：火力发电》（DL 5009.1—2014）第4.9.1条：

5 高处作业人员使用软梯或钢爬梯上下攀登时，应使用攀登自锁器或速差自控器。攀登自锁器或速差自控器的挂钩应直接钩挂在安全带的腰环上，不得挂在安全带端头的挂钩上使用。

第三部分

常规工具、设备

违章点 01

在草原牧区施工，箱式变压器低压动力电缆头制作现场未配备灭火器材。

违章依据

《电力建设安全工作规程 第 2 部分：电力线路》（DL 5009.2—2013）第 3.2.4 条：

3 在林区、牧区施工，应遵守当地的防火规定，并配备必要的防火器材。

违 章 点 02

灭火器失效，压力表指针已到红区。

违章依据

　　《建筑灭火器配置验收及检查规范》（GB 50444—2008）第
5.3.1条：存在机械损伤、明显锈蚀、灭火剂泄漏、被开启使用过或
符合其他维修条件的灭火器应及时进行维修。

违 章 点 03

　　现场部分场所灭火器材配置不足。木工场等多处模板、木方堆放地点无灭火器、无防火标志。

违章依据

　　《电力建设安全工作规程　第1部分：火力发电》（DL 5009.1—2014）第4.14.3条：

　　10　在油库、木工间及易燃、易爆品仓库等场所设"严禁烟火"的明显标志，并采取相应的防火措施。

　　《建设工程施工现场消防安全技术规范》（GB 50720—2011）表5.2.2-1：灭火器的最低配置标准。

违章点 04

塔机操作室未配备灭火器；放有打火机，未铺绝缘垫。

违章依据

《起重机械安全规程　第1部分：总则》（GB 6067.1—2010）第13.6条：应配备必要的灭火器材。

《电力建设安全工作规程　第1部分：火力发电》（DL 5009.1—2014）第4.6.5条：

7　起重机上应配备合格有效的灭火装置。操作室内应铺绝缘垫，不得存放易燃物品。

💡 **违 章 点** 05

灭火器未按规定期限检查维护，个别灭火器压力表指针位置不正确。

违章依据

《建筑灭火器配置验收及检查规范》（GB 50444—2008）

第 5.2.1 条：灭火器的配置、外观等应按附录 C 的要求每月进行一次检查。

第 5.2.3 条：日常巡检发现灭火器被挪动，缺少零部件，或灭火器配置场所的使用性质发生变化等情况时，应及时处置。

违 章 点 06

　　灭火器无防雨、防晒措施，部分灭火器因高温曝晒，零星布设的灭火器无月度检查标识。

违章依据

　　《电力设备典型消防规程》（DL 5027—2015）第14.2.6条：

　　2　灭火器不得设置在超出其使用温度范围的地点，不宜设置在潮湿或强腐蚀性的地点，当必须设置时应有相应的保护措施。露天设置的灭火器应有遮阳挡水和保温隔热措施，北方寒冷地区应设置在消防小室内。

　　《建筑灭火器配置验收及检查规范》（GB 50444—2008）第5.2.1条：灭火器的配置、外观等应按附录C的要求每月进行一次检查。

违 章 点 07

现场作业人员安全帽不是施工单位配置，且无合格标识，属于无证产品。

违章依据

《国家电网有限公司输变电工程施工分包安全管理办法》[国网 (基建 /3) 181—2019] 第五十条：劳务分包作业所需材料、施工工机具由施工承包商配备，并由施工承包商安排合格人员操作。

劳务分包人员的个人安全防护用品、用具应由施工承包商提供。

《头部保护　安全帽》(GB 2811—2019) 第 7.2 条：安全帽的永久标识是指位于产品主体内，并在产品整个生命周期内一直保持清晰可辨的标识，至少应包括以下内容：

　　a) 本标准编号；

　　b) 制造厂名；

　　c) 生产日期 (年、月)；

　　d) 产品名称 (由生产厂命名)；

　　e) 产品的分类标记；

　　f) 产品的强制报废期限。

违章点 08

立杆垫木厚度不满足要求；横向水平杆每端伸出纵向水平杆的长度不足 200mm；脚手架未设置顶撑；脚手架转角和开口处未设剪刀撑。

违章依据

《建筑施工竹脚手架安全技术规范》（JGJ 254—2011）

第 5.1.8 条：底层顶撑底端的地面应夯实并设置垫板，垫板不宜小于 200mm×200mm×50mm。垫板不得叠放。其他各层顶撑不得设置垫块。

第 5.2.4 条：横向水平杆每端伸出纵向水平杆的长度不应小于 0.2m。

第 5.2.5 条，第 1 款：顶撑应紧贴立杆设置，并应顶紧水平杆；顶撑应与上、下方的水平杆直径匹配，两者直径相差不得大于顶撑直径的1/3。

第 5.2.7 条，第 3 款：间隔式剪刀撑除应在脚手架外侧立面的两端设置外，架体的转角处或开口处也应加设一道剪刀撑，剪刀撑宽度不应小于 $4L_a$❶。

---

❶ L_a 指立杆纵距。

违 章 点 09

脚手板铺设有空隙、不平稳、未绑牢。

违章依据

《电力建设安全工作规程 第1部分：火力发电》（DL 5009.1—2014）第 4.8.1 条：

20 脚手板的铺设：

1）脚手板应满铺，不应有空隙和探头板。脚手板与墙面的间距不得大于 200mm。

2）脚手板的搭接长度不得小于 200mm。对头搭接处应设双排小横杆。双排小横杆的间距不得大于 200mm。

3）在架子拐弯处，脚手板应交错搭接。

4）脚手板应铺设平稳并绑牢，不平处用木块垫平并钉牢，严禁垫砖。

常规工具、设备

违章点 ⑩

楼梯处搭设的脚手架横杆突出过多，阻碍通行。

违章依据

《电力建设安全工作规程　第1部分：火力发电》（DL 5009.1—2014）第4.8.1条：

25　在通道及扶梯处的脚手架横杆不得阻碍通行。阻碍通行时应抬高并加固。在搬运器材的或有车辆通行的通道处的脚手架，立杆应设围栏并挂警示牌。

违 章 点 ⑪

脚手架局部受力立杆底部伸出扣件长度不满足要求。

违章依据

《电力建设安全工作规程 第1部分：火力发电》（DL 5009.1—2014）第4.8.6条：

10 脚手架立杆下端应加设保险扣件，保险扣件下端面与立杆下端面距离不应小于100mm。

违章点 12

脚手架水平杆端头伸出扣件不足100mm。

违章依据

《电力建设安全工作规程 第1部分：火力发电》（DL 5009.1—2014）第4.8.2条：

7 扣件规格应与钢管外径相同，各杆件端头伸出扣件盖板边缘的长度不应小于100mm。

违 章 点 ⑬

脚手架作业层跳板铺设未满铺。

违章依据

《建筑施工扣件式钢管脚手架安全技术规范》（JGJ 130—2011）第 7.3.13 条：

脚手板的铺设应符合下列规定：

1　脚手板应铺满、铺稳，离墙面的距离不应大于 150mm；

2　采用对接或搭接时均应符合本规范第 6.2.3 条的规定；脚手板探头应用直径 3.2mm 的镀锌钢丝固定在支承杆件上。

违章点 14

高处施工无作业平台。

违章依据

《电力建设安全工作规程 第1部分：火力发电》（DL 5009.1—2014）第4.10.1条：

17 悬空作业应使用吊篮、单人吊具或搭设操作平台，且应设置独立悬挂的安全绳、使用攀登自锁器，安全绳应拴挂牢固，索具、吊具、操作平台、安全绳应经验收合格后方可使用。

违 章 点 ⑮

登高作业未搭设作业脚手架。

违章依据

《电力建设安全工作规程 第1部分：火力发电》（DL 5009.1—2014）第4.8.4条：

5 脚手架搭设时，应与建（构）筑物施工同步上升。最上层搭设高度应高于即将施工建（构）筑物顶层面1.5m。

违章点 16

脚手架上高处作业临边没有装设密目式安全立网。

违章依据

《建筑施工高处作业安全技术规范》（JGJ 80—2016）第4.1.1条：坠落高度基准面 2m 及以上进行临边作业时，应在临空一侧设置防护栏杆，并应采用密目式安全立网或工具式栏板封闭。

违章点 17

脚手架在高处零星浮动跳板较多，有探头板。

违章依据

《电力建设安全工作规程　第1部分：火力发电》（DL 5009.1—
2014）第4.8.1条：

8　木脚手架材料：

3）……距板两端80mm处应用8号～10号镀锌铁丝箍绕
2圈～3圈或用铁皮钉牢。

20　脚手板的铺设：

4）脚手板应铺设平稳并绑牢，不平处用木块垫平并钉牢，
严禁垫砖。

《建筑施工扣件脚手架安全技术规范》（JGJ 130—2011）第
9.0.11条：脚手板应铺设牢靠、严实，并应用安全网双层兜底。施
工层以下每隔10m应用安全网封闭。

违章点 18

　　脚手架立杆底部悬空。立杆底部未直接坐落在垫板上。脚手架立杆底部坐立在模板块上，存在底部垫砌块的现象。

违章依据

　　《建筑施工扣件式钢管脚手架安全技术规范》（JGJ 130—2011）第 6.3.1 条：**每根立杆底部宜设置底座或垫板。**

违 章 点 ⑲

脚手架支撑立杆接长采用搭接。

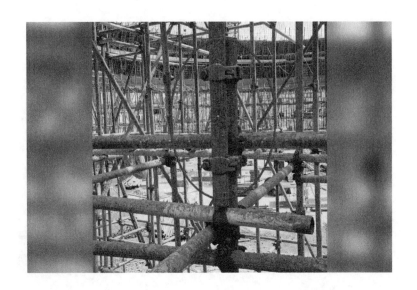

违章依据

《建筑施工扣件式钢管脚手架安全技术规范》（JGJ 130—2011）

第6.3.5条：单排、双排与满堂脚手架立杆接长除顶层顶步外，其余各层各步接头必须采用对接扣件连接。

第6.3.6条：脚手架立杆的对接、搭接应符合下列规定：

1 当立杆采用对接接长时，立杆的对接扣件应交错布置，两根相邻立杆的接头不应设置在同步内，同步内隔一根立杆的两个相隔接头在高度方向错开的距离不宜小于500mm；各接头中心至主节点的距离不宜大于步距的1/3。

违章点 ㉑

　　脚手架材质不符合要求，钢管锈蚀严重、变形，跳板破损，跳板厚度偏薄。

违章依据

　　《电力建设安全工作规程 第1部分：火力发电》（DL 5009.1—2014）第4.8.1条：

　　7　扣件式钢脚手架材料：

　　　　1）脚手架钢管宜采用 ϕ48.3×3.6钢管，长度宜为4m～6.5m及2.1m～2.8m。凡弯曲、压扁、有裂纹或已严重锈蚀的钢管，严禁使用。

　　8　木脚手架材料：

　　　　3）木脚手板应用不小于50mm厚的杉木或松木板，宽度宜为200mm～300mm，长度不宜超过6m。严禁使用腐朽、扭曲、破裂的，或有大横透节及多节疤的脚手板。

违章点 ㉑

脚手管搭设的登高斜道不符合要求；冷却塔环梁与作业平台之间没有上下安全通道。

违章依据

《建筑施工扣件脚手架安全技术规范》（JGJ 130—2011）

第 6.7.1 条：人行并兼作材料运输的斜道的形式宜按下列要求确定：

2 高度大于 6m 的脚手架，宜采用之字型斜道。

第 6.7.2 条：斜道的构造应符合下列规定：

2 运料斜道宽度不应小于 1.5m，坡度不应大于 1:6；人行斜道宽度不应小于 1m，坡度不应大于 1:3；4 斜道两侧及平台外围均应设置栏杆及挡脚板。栏杆高度应为 1.2m，挡脚板高度不应小于 180mm。

违章点 ㉒

作业人员直接扶着模板连接件上下翻板，缺少通道。

违章依据

《电力建设安全工作规程　第1部分：火力发电》（DL 5009.1—2014）第4.10.1条：

18　上下脚手架应走上下通道或梯子，不得沿脚手杆或栏杆等攀爬。不得任意攀登高层建（构）筑物。

 **违 章 点** ㉓

上人扶梯没有高出作业面，全兜式安全网未及时拴挂。

违章依据

《电力建设安全工作规程　第1部分：火力发电》（DL 5009.1—2014）

第4.9.1条，第7款：当梯子仅作为攀登工具，与作业面交接处无防护栏杆时，梯子应高出作业面。

第5.7.2条，第15款：

3）内外操作架（三角架）必须布设全兜式安全网。操作架（三角架）上的脚手板，应铺平垫实。

违章点 ㉔

使用木条和铁钉自制的木梯。

违章依据

《电业安全工作规程 第1部分：热力和机械》（GB 26164.1—2010）第 15.8.2 条：梯子的支柱应能承受工作人员携带工具攀登时的总重量。梯子的横木应嵌在支柱上，不准使用钉子钉成的梯子。

违 章 点 25

施工现场安全措施不符合工作票的要求，未在遮栏里面悬挂"止步，高压危险！"标示牌。

违章依据

《电力安全工作规程 发电厂和变电站电气部分》（GB 26860—2011）第 6.5.7 条：若室外只有个别地点设备带电，可在其四周装设全封闭遮栏，遮栏上悬挂适当数量朝向外面的"止步，高压危险！"标示牌。

违章点 26

变压器没有悬挂警示标识牌。

违章依据

《国家电网公司电力安全工作规程　配电部分（试行）》（国家电网安质〔2014〕265号）第2.3.11条：凡装有攀登装置的杆塔、攀登装置上应设置"禁止攀登、高压危险"标示牌。装设于地面的配电变压器应设有安全围栏，并悬挂"止步！高压危险"等标示牌。

违 章 点 27

消防水井盖没有盖，未设置警示标志。

违章依据

《电力建设安全工作规程　第1部分：火力发电》（DL 5009.1—2014）第4.2.2条：

3　孔洞：

7）施工现场通道附近的各类孔、洞，除设置防护设施和安全标志外，夜间还应设警示红灯。

违 章 点 ㉘

　　厂区道路已经形成，但是没有设置任何"慢行"、"限速"等警示标识、标志。

违章依据

　　《电力建设安全工作规程　第1部分：火力发电》（DL 5009.1—2014）第4.3.4条：

　　2　临时道路及通道宜采取硬化路面，并尽量避免与铁路交叉。主干道两侧应设置限速等符合国家标准的交通标志。

违 章 点 29

锅炉炉膛作业进出口未设置受限空间警示标志。

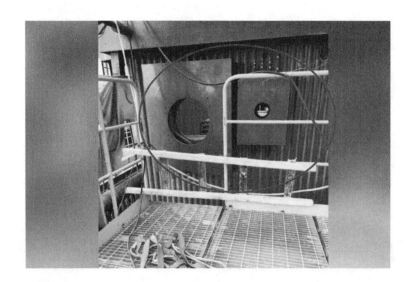

违章依据

《电力建设安全工作规程 第1部分：火力发电》（DL 5009.1—2014）第4.10.3条：

8 作业时应在受限空间外设置安全警示标志。

违 章 点 ③⓪

气瓶笼内有电源箱，所挂的安全标志牌与现场实际不符。

违章依据

《电力建设安全工作规程　第1部分：火力发电》（DL 5009.1—2014）第4.1.1条：

12　建设、施工单位应在有较大危险因素的场所或部位及有关设施、设备上设置明显的安全警示标识，安全标识必须符合国家现行标准。

第4.1.12条：

3　施工环境、作业工序发生变化时，应对现场危险和有害因素重新进行辨识，动态布置安全标识。

5　应对安全标识定期检查，对破损、变形褪色等不符合要求的及时修整或更换。

违章点 31

变压器油罐、木料堆放处没有配置灭火器材。

违章依据

《国家电网有限公司输变电工程安全文明施工标准化管理办法》
[国网（基建/3）187—2019] 第十七条：

（一）易燃易爆物品、仓库、办公区、生活区、加工区、配电箱
及重要机械设备附近，应按规定配备灭火器、砂箱、消防水桶、消防斧、
消防火钩、锹等消防器材，并放在明显、易取处。

第四部分
起重设备管理

违 章 点 01

塔机钩头未设警示色标、未标明额定起重量。

违章依据

《起重机械安全规程　第 1 部分：总则》（ GB 6067.1—2010 ）
第 10.1.4 条：……在起重机的危险部位，应有安全标志和危险图形符
号，安全标志和危险图形符号应符合 GB 15052 的规定。安全标志的
颜色，应符合 GB 2893 的规定。

塔机风速仪故障，不显示实时风速。

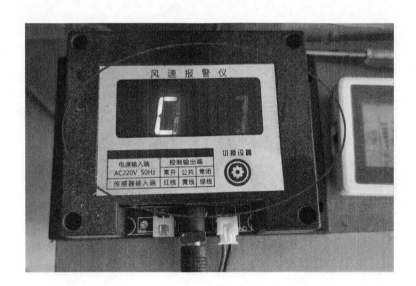

违章依据

《起重机械安全规程 第1部分：总则》（GB 6067.1—2010）第9.6.1.1条：对于室外作业的高大起重机应安装风速仪，风速仪应安置在起重机上部迎风处。

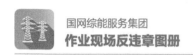

 违 章 点 ③

手拉葫芦防脱钩装置已损坏。

违章依据

《电力建设安全工作规程　第1部分：火力发电》（DL 5009.1—
2014）第4.7.1条：

5　机具使用前应进行检查，严禁使用已变形、已破损或有故障的
机具。

违 章 点 ④

　　用手拉葫芦承重，未设置安全绳，手拉葫芦的手拉链未拴在起重链上。

违章依据

　　《电力建设安全工作规程　第 1 部分：火力发电》（DL 5009.1—2014）第 4.7.3 条：

　　2　链条葫芦：

　　　　7）吊起的重物确需在空中停留较长时间时，应将手拉链拴在起重链上，并在重物上加设安全绳，安全绳选择应符合本部分 4.12 的规定。

 05

辅助架固定在避雷钢筋上。

违章依据

《电力建设安全工作规程 第1部分：火力发电》（DL 5009.1—2014）第4.12.1条：

10 严禁以运行的设备、管道以及脚手架、平台等作为起吊重物的承力点。利用建（构）筑物或设备的构件作为起吊重物的承力点时，应经核算满足承力要求，并征得原设计单位同意。

违 章 点 06

汽车式起重机主钩绳卡方向卡反。

违章依据

《电力建设安全工作规程　第1部分：火力发电》（DL 5009.1—
2014）第4.12.6条：

1　钢丝绳（绳索）：

14）钢丝绳端部用绳夹固定时，钢丝绳夹座应在受力绳头的
　　一边，每两个钢丝绳夹的间距不应小于钢丝绳直径的6
　　倍；绳夹的数量应不少于表4.12.6-2的要求。两根钢
　　丝绳用绳夹搭接时，绳夹数量应比表4.12.6-2的要求
　　增加50%。

违 章 点 07

起重机千斤绳集中断丝严重，已达到报废标准。

违章依据

《电力建设安全工作规程 第1部分：火力发电》（DL 5009.1—2014）中表 4.12.6-3：

表 4.12.6-3 钢丝绳达到报废标准的可见断丝数

钢丝绳型号	《起重机 钢丝绳 保养、维护、安装、检验和报废》GB/T 5972					
	在钢制滑轮和/或单层缠绕在卷筒上工作的钢丝绳段				多层缠绕在卷筒上工作的钢丝绳段	
	工作级别 M1 ~ M4 或未知级别				所有工作级别	
	交互捻		同向捻		交互捻和同向捻	
	长度范围大于 $6d$	长度范围大于 $30d$	长度范围大于 $6d$	长度范围大于 $30d$	长度范围大于 $6d$	长度范围大于 $30d$
6×19	3	6	2	3	6	12
6×37	10	19	5	10	20	38

注1：可将以上所列断丝数的两倍数值用于已知工作级别为 M5 ~ M8 的机构。
注2：d——钢丝绳公称直径。

违章点 08

塔机起升卷扬机卷筒钢丝绳排列不齐。

违章依据

《起重机械安全规程 第1部分：总则》（GB 6067.1—2010）
第 4.2.4.1 条：钢丝绳在卷筒上应能按顺序整齐排列。

违 章 点 09

塔机底架压重一侧安全固定杆支撑梁未安装。

违章依据

《起重机械安全规程 第1部分：总则》（GB 6067.1—2010）第16.1条：

g）起重机械的状态应符合制造商所规定的各种限制。

起重设备管理

违 章 点 ⑩

门式起重机运行轨道存有障碍物。

违章依据

《电力建设安全工作规程　第1部分：火力发电》（DL 5009.1—2014）第 4.6.5 条：

9　起重机行走范围内，不得有妨碍安全通过的障碍物。

门式起重机轨道部分固定螺栓松动。

违章依据

《电力建设安全工作规程 第1部分：火力发电》（DL 5009.1—2014）第4.6.5条：

4 轨道应通过垫块与轨枕可靠连接。

起重设备管理

违章点 12

起重机起升高度限位失效。

违章依据

《起重机械安全规程 第1部分：总则》（GB 6067.1—2010）第9.2.1条：起升机构均应装设起升高度限位器。……当取物装置上升到设计规定的上极限位置时，应能立即切断起升动力源。

[Image 1 description]

违 章 点 13

　门式起重机作业人员下班后未采取防风安全措施（未夹紧夹轨器、未拉设揽风绳）。

违章依据

《起重机械安全规程　第1部分：总则》（GB 6067.1—2010）第17.1条：

　e）在离开无人看管的起重机之前，司机应做到下列要求：

　　8）露天工作的起重机械，当有超过工作状态极限风速的大风警报或起重机处于非工作状态时，为避免起重机移动应采用夹轨器和/或其他装置使起重机固定。

违 章 点 14

汽车式起重机支腿鞍座为自制配件。

违章依据

《起重机械安全规程 第1部分：总则》（GB 6067.1—2010）
第16.1条：

e）更换的部件和构件应为合格品。

违 章 点 15

塔机基础节一处联结螺栓松动，塔机顶部塔身标准节联结螺栓松动。

违章依据

《起重机械安全规程　第1部分：总则》（GB 6067.1—2010）第3.4.3条：高强度螺栓应按起重机械安装说明书的要求，用扭矩扳手或专用工具拧紧。

起重设备管理

违 章 点 16

塔机登机通道未设置攀登自锁器。

违章依据

《电力建设安全工作规程 第1部分：火力发电》（DL 5009.1—2014）第4.8.1条：

23 ⋯⋯直立爬梯的高度超过2m时应使用攀登自锁器。

 违 章 点 ⑰

塔机未安装回转限位装置。

违章依据

《起重机械安全规程　第1部分：总则》（GB 6067.1—2010）
第9.2.6条：需要限制回转范围时，回转机构应装设回转角度限位器。

违章点 ⑱

塔机接地装置脱落。

违章依据

《起重机　安全使用　第3部分：塔式起重机》（GB/T 23723.3—2010）第6.9.1条：塔机应进行有效接地。

《起重机械安全规程　第1部分：总则》（GB 6067.1—2010）第8.8.8条：对于保护接零系统，起重机械的重复接地或防雷接地的接地电阻不大于10Ω。对于保护接地系统的接地电阻不大于4Ω。

《电力建设安全工作规程　第1部分：火力发电》（DL 5009.1—2014）第4.5.5条：

9　接地装置敷设：

　　3）接地体（线）的连接应采用搭接式焊接，焊接必须牢固无虚焊。搭接长度应符合《电气装置安装工程接地装置施工及验收规范》GB 50169的规定。

第五部分

临时用电设备管理

 **违 章 点** 01

作业现场电焊机没有遮蔽棚。

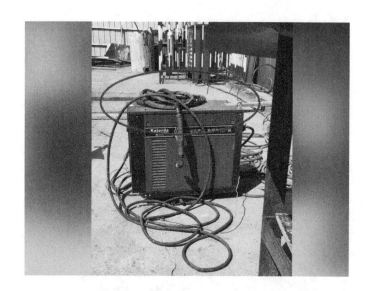

违章依据

《电力建设安全工作规程 第1部分：火力发电》（DL 5009.1—2014）第4.13.2条：

2 露天装设的电焊机应设置在干燥的场所并应有防护棚遮蔽，装设地点距易燃易爆物品应满足安全距离的要求。

临时用电设备管理

违章点 02

电焊机电缆布设混乱，二次线接线柱设置不符合要求。

违章依据

《电力建设安全工作规程 第1部分：火力发电》（DL 5009.1—2014）第4.13.2条：

1 施工现场的电焊机宜采用集装箱形式统一布置，保持通风良好。电焊机及其接线端子均应有相应的标牌及编号。

3 严禁电焊机导电体外露。

4 电焊机一次侧电源线应绝缘良好，长度一般不得超过5m。电焊机二次线应采用防水橡皮护套铜芯软电缆，电缆的长度不应大于30m，不得有接头，绝缘良好；不得采用铝芯导线。

13 严禁用电缆保护管、轨道、管道、结构钢筋或其他金属构件等代替二次线的地线。

14 电焊机二次线应布整齐、固定牢固。

违 章 点 03

电源线未架设，垂直电源线用镀锌铅丝直接绑在钢管上。

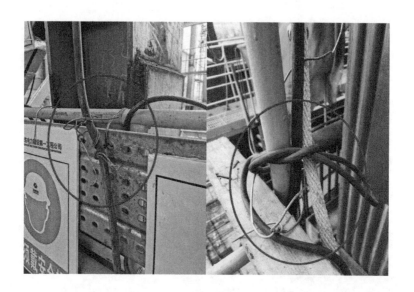

违章依据

《电力建设安全工作规程 第1部分：火力发电》（DL 5009.1—2014）第4.5.3条：

5 架空线路选择的路径应合理，避开易撞、易碰、易腐蚀场所和热力管道。架空线路应架设在专用电杆上，严禁架设在树木、脚手架及其他设施上。

违 章 点 04

手动工具电源线未使用带有 PE 线芯的三芯软橡胶电缆。

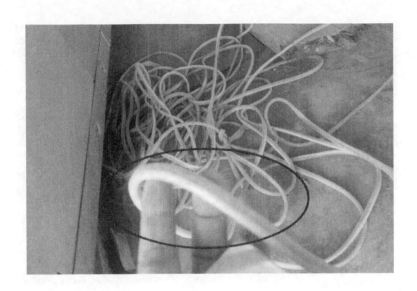

违章依据

《国家电网公司电力施工企业安全性评价标准》（Q/GDW 11536—2016）表 28 序号 7.4.1 中第 7 条评价内容：移动式电动机械电源线应使用三芯软橡胶电缆；单相电源使用三芯，三相电源使用四芯电缆。

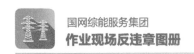

 违 章 点 05

电气施工机械未接地。

违章依据

《电业安全工作规程 第1部分：热力和机械》（GB 26164.1—2010）第3.5.1条：所有电气设备的金属外壳应有良好的接地装置。

违 章 点 06

工作票安全措施不正确，未在作业地点高压设备两侧装设接地线，电容器停电检修时电容器侧未接地，未对电容器放电。

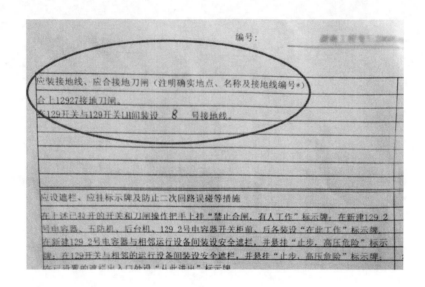

违章依据

《电力安全工作规程　发电厂和变电站电气部分》（GB 26860—2011）

第 6.4.3 条：……电缆及电容器接地前应逐相充分放电，星形接线电容器的中性点应接地。

第 6.4.4 条：可能送电至停电设备的各侧都应接地。

违 章 点 07

　　配电变压器接地引下线接线鼻与接地扁钢间有垫片，减少了压接面积，接地引下线连接未采取防松措施。

违章依据

　　《电气装置安装工程接地装置施工及验收规范》（GB 50169—2016）第 4.3.7 条：利用各种金属构件、金属管道为接地线时，连接处应保证有可靠的电气连接。

违章点 08

配电变压器低压配电柜外壳未接地。

违章依据

《交流电气装置的接地设计规范》（GB/T 50065—2011）第
3.2.1条：

电力系统、装置或设备的下列部分（给定点）应接地：

6　配电、控制和保护用的屏（柜、箱）等的金属框架。

 **违 章 点** 09

电容器、电抗器两根接地引下线采用焊接。

违章依据

《防止电力生产事故的二十五项重点要求》（国能安全［2014］161号）第14.1.5条：……连接引线应便于定期进行检查测试。

临时用电设备管理

违章点 ⑩

水泥泵车作业有可能碰触带电线路，属于临近带电体作业。现场未设监护人且泵车未接地。

违章依据

《国家电网公司电力安全工作规程 电网建设部分（试行）》（国家电网安质〔2016〕212号）

第8.2.1.1条：邻近带电体作业时，施工全过程应设专人监护。

第5.2.1.9条：机械金属外壳应可靠接地。

 违章点 ⑪

临时电源箱接地线缠绕在生锈的对拉螺栓上。

违章依据

《施工现场临时用电安全技术规范》（JGJ 46—2005）第5.3.4条：每一接地装置的接地线应采用2根及以上导体，在不同点与接地体做电气连接。不得采用铝导体做接地体或地下接地线。垂直接地体宜采用角钢、钢管或光面圆钢，不得采用螺纹钢。

违 章 点 ⑫

电源箱接地采用螺纹钢做接地极。

违章依据

《电力建设安全工作规程　第1部分：火力发电》（DL 5009.1—2014）第4.5.5条：

　9　接地装置敷设：

　　1）垂直接地体宜采用热浸镀锌 ϕ20 光面圆钢、$\angle$ 50×50×5mm 规格角钢、ϕ50 的镀锌钢管，长度宜为 2.5m。垂直接地体不得采用螺纹钢。

 违 章 点 ⑬

电源箱进出线均超过 30m。

违章依据

《建设工程施工现场供用电安全规范》（GB 50194—2014）第
6.3.1 条：……总配电箱应设在靠近电源的区域，分配电箱应设在用电
设备或负荷相对集中的区域，分配电箱与末级配电箱的距离不宜超过
30m。

违 章 点 14

电源箱接线较乱，PE 线串联在端子排上，设备用电与照明共用一个电源箱。

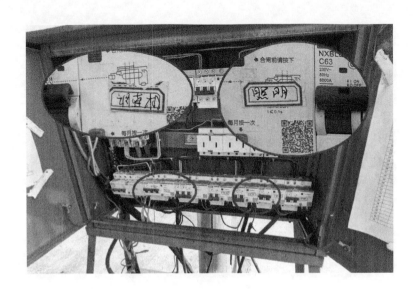

违章依据

《建设工程施工现场供用电安全规范》（GB 50194—2014）第6.3.2 条：动力配电箱与照明配电箱宜分别设置。当合并设置为同一配电箱时，动力和照明应分路供电；动力末级配电箱与照明末级配电箱应分别设置。

 违章点 ⑮

电源箱无门，接线混乱。

违章依据

《建设工程施工现场供用电安全规范》（GB 50194—2014）第6.3.13条：配电箱电缆的进线口和出线口应设在箱体的底面，当采用工业连接器时可在箱体侧面设置。

《施工现场临时用电安全技术规范》（JGJ 46—2005）第8.3.2条：配电箱、开关箱箱门应配锁，并应由专人负责。

违 章 点 16

开关箱、电源箱引出负荷缺少 PE 线，不符合三相五线制要求。

违章依据

《电力建设安全工作规程 第 1 部分：火力发电》（DL 5009.1—2014）第 4.7.4 条：

1 移动式电动机械和手持电动工具的单相电源线必须使用三芯软橡胶电缆，三相电源线在 TT 系统中必须使用四芯软橡胶电缆，在 TN-S 系统中必须使用五芯软橡胶电缆。接线时，缆线护套应穿进设备的接线盒内并固定。

《施工现场临时用电安全技术规范》（JGJ 46—2005）8.1.11 条：进出线中的 N 线必须通过 N 线端子板连接；PE 线必须通过 PE 线端子板连接。

违章点 ⑰

开关箱接地点未使用螺栓固定，电源箱接地线连接不符合要求。

违章依据

《建设工程施工现场供用电安全规范》（GB 50194—2014）第 8.1.11 条：用电设备的保护导体（PE）不应串联连接，应采用焊接、压接、螺栓连接或其他可靠方法连接。

违章点 18

　　配电箱内连门跨接线未与 PE 端子相连接；PE 线串联式接线；引出负荷的 PE 线也未与 PE 端子连接。

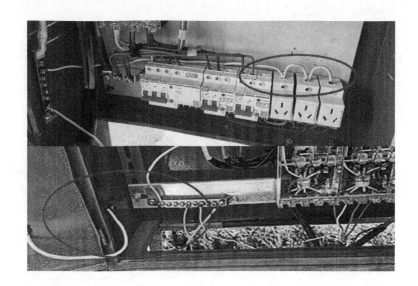

违章依据

　　《施工现场临时用电安全技术规范》（JGJ 46—2005）第 8.1.13 条：配电箱、开关箱的金属箱体、金属电器安装板以及电器正常不带电的金属底座、外壳等必须通过 PE 线端子板与 PE 线做电气连接，金属箱门与金属箱体必须通过采用编织软铜线做电气连接。

违 章 点 ⑲

开关箱引出负荷的 PE 线配置，保护导体（PE）的最小截面积不符合规范要求。

违章依据

《建设工程施工现场供用电安全规范》（GB 50194—2014）第 8.1.2 条：

2 保护导体（PE）和相导体的材质应相同，保护导体（PE）的最小截面积应符合表 8.1.2 的规定。

表 8.1.2 保护导体（PE）的最小截面积（mm²）

相导体截面积	保护导体（PE）最小截面积
$S \leqslant 16$	S
$16 < S \leqslant 35$	16
$S > 35$	$S/2$

违 章 点 ⑳

塔机操作室配电柜急停按钮失效。

违章依据

《起重机械安全规程　第 1 部分：总则》（GB 6067.1—2010）
第 6.2.4 条：每台起重机械应备有一个或多个可从操作控制站操作的紧
急停止开关，当有紧急情况时，应能够停止所有运动的驱动机构。

第六部分
现场作业
防护措施

违章点 01

水平安全手扶绳高度不足 1.1m；绳夹数量不够，有的绳夹方向卡反。

违章依据

《电力建设安全工作规程　第 1 部分：火力发电》（DL 5009.1—2014）第 4.10.1 条：

4　当高处行走区域不便装设防护栏杆时，应设置手扶水平安全绳，且符合下列规定：

2）钢丝绳两端应固定在牢固可靠的构架上，在构架上缠绕不得少于 2 圈，与构架棱角处相接触时应加衬垫。宜每隔 5m 设牢固支撑点，中间不应有接头。

3）钢丝绳端部固定和连接应使用绳夹，绳夹数量应不少于 3 个，绳夹应同向排列；钢丝绳夹座应在受力绳头的一边，每两个钢丝绳绳夹的间距不应小于钢丝绳直径的 6 倍；末端绳夹与中间绳夹之间应设置安全观察弯，末端绳夹与绳头末端应留有不小于 200mm 的安全距离。

4）钢丝绳固定高度应为 1.1m～1.4m；钢丝绳固定后弧垂不得超过 30mm。

现场作业防护措施

违章点 02

高处平台、临边未设置防护栏杆或防护网。

违章依据

《国家电网公司电力安全工作规程　电网建设部分（试行）》（国家电网安质〔2016〕212 号）

第 4.1.10 条：高处作业的平台、走道、斜道等应装设不低于 1.2m 高的护栏（0.5m ~ 0.6m 处设腰杆），并设 180mm 高挡脚板。

第 6.3.3.10 条：脚手架的外侧、斜道和平台应设 1.2m 高的护栏，0.6m 处设中栏杆和不小于 180mm 高的挡脚板或设防护立网。

《电力建设安全工作规程　第 1 部分：火力发电》（DL 5009.1—2014）

第 4.2.2 条，第 1 款：1）深度超过 1m（含）的沟、坑周边，屋面、楼面、平台、料台周边，尚未安装栏杆或栏板的阳台、窗台，高度超过 2m（含）的作业层周边，必须设置防护栏杆。

第 4.2.2 条，第 2 款：2）防护栏杆应由上、下两道横杆及立杆柱组成，上杆离基准面高度为 1.2m，中间栏杆与上、下构件的间距不大于 500mm。立杆间距不得大于 2m。

违章点 03

库房进出口上方未设置防护棚。

违章依据

《电力建设安全工作规程 第1部分：火力发电》（DL 5009.1—2014）4.2.2条：

5 安全通道及防护棚：

4）建（构）筑物、施工升降机出入口及物料提升机地面进料口，应设置防护棚。

5）防护棚应采用扣件式钢管脚手架或其他型钢材料搭设。

6）防护棚顶层应使用脚手板铺设双层防护，当坠落高度大于20m时，应加设厚度不小于5mm的钢板防护。

违章点 04

施工现场部分孔洞未采取覆盖措施。

违章依据

《国家电网有限公司输变电工程安全文明施工标准化管理办法》[国网（基建 /3）187—2019] 第十三条：

（一）施工现场（包括办公区、生活区）能造成人员伤害或物品坠落的孔洞应采用孔洞盖板或安全围栏实施有效防护。

（二）盖板应满足人员或车辆通过的强度要求，盖板上表面应有"孔洞盖板、严禁拆移"等安全警示（提示）标志。

（三）直径大于 1m、道路附近、无盖板及盖板临时揭开的孔洞，四周应设置安全围栏和安全警示标志牌。

违 章 点 05

坑的盖板移位或没有盖板；盖板材质不符合要求。

违章依据

《电力建设安全工作规程 第1部分：火力发电》（DL 5009.1—2014）第4.2.2条：

3 孔洞：

   2）楼板、屋面和平台等面上短边小于500mm（含）且短边尺寸大于25mm和直径小于1m（含）的各类孔、洞，应使用坚实的盖板盖严，盖板外边缘应至少大于洞口边缘100mm，且应加设止挡。盖板宜采用厚度4mm～5mm的花纹钢板。

违 章 点 06

框架间的安全网有破损。

违章依据

《安全网》（GB 5725—2009）第 5.2.1.3 条：网体上不应有断纱、破洞、变形及有碍使用的编织缺陷。

违 章 点 07

有限空间作业现场无通风设备、无有毒有害气体及含氧量检测设备、无应急救援设备。

违章依据

《国家电网公司电力安全工作规程 电网建设部分（试行）》（国家电网安质〔2016〕212 号）

第 4.3.2 条：有限空间作业应坚持"先通风、再检测、后作业"的原则，作业前应进行风险辨识，分析有限空间内气体种类并进行评估监测，做好记录。出入口应保持畅通并设置明显的安全警示标志，夜间应设警示红灯。

第 4.3.6 条：在有限空间作业中，应保持通风良好，禁止用纯氧进行通风换气。

第 4.3.7 条：在氧气浓度、有害气体、可燃性气体、粉尘的浓度可能发生变化的环境中作业应保持必要的测定次数或连续检测。

第 4.3.8 条：在有限空间作业场所，应配备安全和抢救器具。

第七部分

作业环境管理

违 章 点 ①

木材堆放场所无"禁止烟火"的安全警示标志，附近无灭火器材。

违章依据

《电力设备典型消防规程》（DL 5027—2015）

第4.2.3条：消防安全重点部位应当建立岗位防火职责，设置明显的防火标志，并在出入口位置悬挂防火警示标示牌。标示牌的内容应包括消防安全重点部位的名称、消防管理措施、灭火和应急疏散方案及防火责任人。

第9.3.2条：秸秆仓库、露天堆场、半露天堆场应有完备的消防系统和防止火灾快速蔓延的措施。消火栓位置应考虑防撞击和防秸秆自燃影响使用的措施。

作业环境管理

违章点 02

危险品仓库内堆放杂乱无章，不符合保管规定。

违章依据

《危险化学品安全管理条例》（国务院令第 591 号）第二十四条：危险化学品应当储存在专用仓库、专用场地或者专用储存室内，并由专人负责管理。

 **违 章 点** 03

工器具及安装部件摆放杂乱。

违章依据

《电力建设安全工作规程 第1部分：火力发电》（DL 5009.1—2014）第4.3.5条：

1 材料、设备应按施工总平面布置规定的地点定置堆放整齐，标识清晰，便于搬运，符合消防要求。

违章点 ④

集装箱仓库内各类工具摆放混乱。

违章依据

《国家电网有限公司输变电工程安全文明施工标准化管理办法》[国网（基建/3）187—2019]第二十四条：

（三）施工作业现场全面推行定置化管理，策划、绘制平面定置图，规范设备、材料、工器具等堆（摆）放。

违 章 点 05

电缆随意堆放，没有定置管理，没有材料标识。

违章依据

《国家电网有限公司输变电工程安全文明施工标准化管理办法》[国网（基建/3）187—2019] 第二十七条：

（三）材料、工具、设备应按定置区域堆（摆）放，设置材料、工具标识牌、设备状态牌和机械设备操作规程牌。

违 章 点 06

氮气瓶没有防倾倒措施。

违章依据

《建设工程施工现场消防安全技术规范》（GB 50720—2011）第6.3.3条：

　　2　气瓶运输、存放、使用时，应符合下列规定：

　　　　1）气瓶应保持直立状态，并采取防倾倒措施，乙炔瓶严禁横躺卧放。

 违 章 点 07

六氟化硫气瓶平放在泥地里，未采取防晒和防潮措施。

违章依据

《六氟化硫电气设备中气体管理和检测导则》（GB/T 8905—2012）第 11.5 条：六氟化硫气瓶在存放时要有防晒、防潮的遮盖措施。

作业环境管理

违章点 08

气瓶没有防止曝晒的措施。

违章依据

《电力建设安全工作规程 第1部分：火力发电》（DL 5009.1—2014）第4.13.3条：

2 气瓶的存放与保管

1）气瓶应存放在通风良好的场所，夏季应防止日光曝晒。

违章点 09

施工现场土建交付安装未进行场地平整，现场杂乱。

违章依据

《电力建设安全工作规程　第1部分：火力发电》（DL 5009.1—2014）第4.3.3条：

10　上道工序移交下道工序的工作面应保持整洁。

违 章 点 ⑩

防腐涂料露天放置，未在专用库房存放。

违章依据

《电力建设安全工作规程 第1部分：火力发电》（DL 5009.1—2014）第4.14.1条：

1 酸、碱、易燃易爆等危险物品应专库存放、专人保管，余料应及时归库。严禁在办公室、工具房、休息室、宿舍等地方存放腐蚀、易燃、易爆物品。

动火作业点旁有易燃物品。

违章依据

《电力设备典型消防规程》（DL 5027—2015）第 5.2.4 条：作业现场附近堆有易燃易爆物品，未做彻底清理或者未采取有效措施前禁止动火作业。

作业环境管理

违章点 ⑫

土建施工现场办公室较乱。

违章依据

《电力建设安全工作规程 第1部分：火力发电》（DL 5009.1—2014）第4.3.7条：

1 办公、生活场所应按功能进行合理规划，办公、生活等临时设施标准、标识宜统一，所用材料应符合环保、消防要求。

2 办公室内布局应合理，文件资料分类存放，保持室内清洁。

违章点 ⑬

气瓶无定期检测的标识，氧气瓶无防震胶圈，没有防护罩。

违章依据

《电业安全工作规程　第1部分：热力和机械部分》（GB 26164.1—2010）

第14.4.2条：发现气瓶上的阀门或减压器气门有问题时，应立即停止工作，进行修理。

第14.4.3条：氧气瓶应按《气瓶安全监察规程》（原劳动部颁发）进行水压试验和定期检验。过期未经水压试验或试验不合格者不准使用。在接收氧气瓶时，应检查印在瓶上的试验日期及试验机构的鉴定合格证。

第14.4.10条：禁止使用没有防震胶圈和保险帽的气瓶。严禁使用没有减压器的氧气瓶和没有回火阀的溶解乙炔气瓶。

作业环境管理

违章点 14

平台上杂物过多，易掉落伤人。

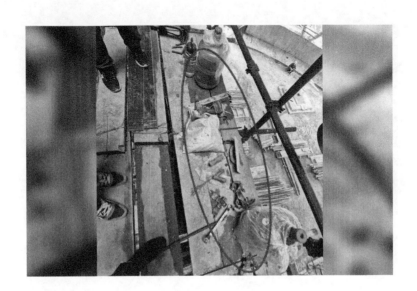

违章依据

《电力建设安全工作规程 第1部分：火力发电》（DL 5009.1—2014）第4.10.1条：

13 高处作业时，点焊的物件不得移动；切割的工件、边角余料等有可能坠落的物件，应放置在安全处或固定牢固。

违 章 点 ⑮

　　乙炔气瓶横卧运输，无保护瓶帽，有的无防震胶圈，没有配备
灭火器具。

违章依据

　　《电力建设安全工作规程　第1部分：火力发电》（DL 5009.1—
2014）第4.13.3条：

　　3　气瓶的搬运：

　　　　1）气瓶搬运前应旋紧瓶帽。

　　　　3）汽车装运乙炔气瓶时，气瓶应直立排放，车厢高度不得小于
　　　　　　瓶高的2/3。

　　　　4）运输乙炔气瓶的车上应备有相应的灭火器具。

违章点 16

平台的过道杂物太多，影响通行。

违章依据

《电力建设安全工作规程　第1部分：火力发电》（DL 5009.1—2014）第4.10.1条：高处作业地点、各层平台、走道及脚手架上不得堆放超过允许载荷的物件且不得阻塞通道，施工用料应随用随吊。

违章点 17

厂区道路没有硬化，有开挖现象，没有任何"危险"、"限速"、"注意安全"等警示标识、标志。

违章依据

《电力建设安全工作规程　第1部分：火力发电》（DL 5009.1—2014）第4.3.4条：

2　临时道路及通道宜采取硬化路面，并尽量避免与铁路交叉。主干道两侧应设置限速等符合国家标准的交通标志。

8　现场道路不得任意开挖或切断，因工程需要必须开挖或切断道路时，应经主管部门批准，开挖期间应有保证安全通行的措施。

9　现场的机动车辆应限速行驶。危险地区应设"危险"、"禁止通行"等安全标志，夜间应设红灯示警。场地狭小、运输繁忙的地点应设临时交通指挥人员。

违章点 18

施工现场发现啤酒瓶。

违章依据

《电力建设安全工作规程　第 3 部分：变电站》（DL 5009.3—2013）第 3.2.7 条：……酒后不得进入施工现场。

违 章 点 19

施工现场未见垃圾分类箱，建筑垃圾和废料未及时处理，建筑垃圾未及时清理。

违章依据

《电力建设安全工作规程 第1部分：火力发电》（DL 5009.1—2014）第4.3.6条：

1 施工现场应设置废料、垃圾及临时弃土堆放场并定期清理。

2 作业场所应保持整洁，废料应及时回收，垃圾应及时清除。

3 建（构）筑物内应设置垃圾容器或垃圾通道，每天有专人清理，严禁抛掷。

4 垃圾应分类存放，严禁生活垃圾与施工垃圾混放。

作业环境管理

违章点 ⑳

　　升压站蓄电池已开始安装，但蓄电池室没有通风装置和照明设备。

违章依据

　　《国家电网公司电力安全工作规程　电网建设部分（试行）》（国家电网安质〔2016〕212号）第7.9.3条：蓄电池室应在设备安装前完善照明、通风和取暖设施。蓄电池安装过程及完成后室内禁止烟火。